BEI GRIN MACHT SICH IHR WISSEN BEZAHLT

- Wir veröffentlichen Ihre Hausarbeit,
  Bachelor- und Masterarbeit

- Ihr eigenes eBook und Buch -
  weltweit in allen wichtigen Shops

- Verdienen Sie an jedem Verkauf

Jetzt bei www.GRIN.com hochladen
und kostenlos publizieren

Die Einflussnahme des Menschen auf seismische Prozesse. Erdbeben durch Fluidinjektionen für Erdöl- und Erdgasförderung und Staudämme

Dominik Prinz

Bibliografische Information der Deutschen Nationalbibliothek:

Die Deutsche Nationalbibliothek verzeichnet diese Publikation in der Deutschen Nationalbibliografie; detaillierte bibliografische Daten sind im Internet über http://dnb.d-nb.de abrufbar.

ISBN: 9783346326324
Dieses Buch ist auch als E-Book erhältlich.

© GRIN Publishing GmbH
Nymphenburger Straße 86
80636 München

Druck und Bindung: Books on Demand GmbH, Norderstedt Germany
Gedruckt auf säurefreiem Papier aus verantwortungsvollen Quellen

Das Buch bei GRIN: https://www.grin.com/document/975794

Institut für Geographie und Regionalforschung

Universität Wien

Seminararbeit

„Die Einflussnahme des Menschen auf seismische Prozesse"

Verfasser

Dominik Prinz, BEd

SE Bachelorseminar aus Physiogeographie: Aktuelle Forschungsfragen in der Physiogeographie

Sommersemester 2019

Inhaltsverzeichnis

Abbildungsverzeichnis

1. Einleitung

Weltweit werden pro Tag durchschnittlich 270 Erdbeben mit einer Magnitude größer als 3 registriert. (vgl. BGR 2019) Dabei handelt es sich meist um solche Erdbeben, die keine Schäden verursachen. Einzelne können jedoch verheerend sein und eine große Anzahl an Menschenleben fordern, insbesondere dann, wenn sie sich in Siedlungsgebieten ereignen. Erdbeben stellen somit eine der größten Naturgefahren dar. Während Erdbeben in der Regel von naturgegebenen seismischen Prozessen, d.h. durch Verschiebungen der Erdplatten oder vulkanische Aktivität, ausgelöst werden, können einzelne aber auch auf Aktivitäten des Menschen zurückgeführt werden. Erdbebenprozesse, die durch verschiedene Eingriffe des Menschen in den Untergrund verursacht werden, bezeichnet man als induzierte Seismizität. Durch die vermehrte Nutzung von natürlichen Ressourcen und Bodenschätzen hat sich die induzierte Seismizität weltweit erhöht. Ursachen für anthropogen induzierte Erdbeben können beispielsweise Sprengungen, Geothermie, CO_2-Speicherung im Gesteinsuntergrund oder Prozesse der Rohstoffentnahme aus dem Erdinneren im Zuge von Bergbau oder Erdöl- und Erdgasförderung sein. (vgl. ZAMG 2019) Vor allem aber große Staudämme und Fluidinjektionen in die Erdkruste, etwa beim *Hydraulic Fracturing*, können die Spannungsverhältnisse in der Erdkruste ändern und direkt Bruchvorgänge erzeugen. (vgl. Ritter 2016: 28) Die vorliegende Arbeit beschäftigt sich mit solchen Erdbeben, die durch Staudämme und *Hydraulic Fracturing* ausgelöst werden.

2. Ziele und Forschungsfragen

Es ist bekannt, dass menschliche Aktivitäten Erdbeben auslösen können. Die Nutzung von natürlichen Ressourcen geht auch mit einer Beanspruchung der Lithosphäre einher. Dabei wird Einfluss auf die naturgegebenen seismischen Prozesse genommen, indem beispielsweise im Zuge der Erdöl- und Erdgasförderung Fluide in den Gesteinsuntergrund injiziert werden oder große Staudämme zur Wasserspeicherung errichtet werden. Wie gefährlich ist allerdings die Einflussnahme des Menschen auf die Lithosphäre und welche Veränderungen lassen sich in dieser feststellen? Ziel der Untersuchung ist es, herauszufinden, welches Risiko anthropogen ausgelöste Erdbeben bergen. Dabei soll der Fokus einerseits auf Fluidinjektionen durch Erdöl- und Erdgasförderung und andererseits auf Staudämme gerichtet werden. Erstens soll eruiert werden, ob Aktivitäten, die mit der Erdöl- und Erdgasförderung einhergehen, stärkere Schadensbeben auslösen können. Dabei wird angenommen, dass Fluidinjektionen insbesondere in seismisch aktiven Zonen zu Erdbeben führen. Folglich wird nach den Auswirkungen von Staudämmen auf die Lithosphäre gefragt. Im Zuge dessen soll untersucht werden, ob die Wasserlast bzw. der Wasserdruck Auslöser für schwere Erdbeben sein können. Ein weiteres Ziel ist es herauszufinden, welche Gegebenheiten vorherrschen müssen, um Erdbeben zu induzieren. So sollen die Hauptfaktoren, die die Entstehung von Erdbeben durch anthropogene Aktivitäten beeinflussen, identifiziert werden. Aus diesen Zielen leiten sich folgende Forschungsfragen ab, die am Ende beantwortet werden sollen:

1. Können Flüssigkeitsinjektionen ins Gestein und Staudämme stärkere Schadensbeben auslösen?
2. Welche Faktoren beeinflussen die Entstehung von Erdbeben durch anthropogene Aktivitäten?

Zur Hauptforschungsfrage 1 wurden folgende Hypothese formuliert:

1. Flüssigkeitsinjektionen im Zuge der Erdöl- und Erdgasförderung können in seismisch aktiven Regionen zu schweren Erdbeben führen.
2. Wasserdruck in Stauseen führt zu seismischem Stress, wodurch schwere Erdbeben ausgelöst werden können.

3. Methodik und Aufbau

Bei der vorliegenden Arbeit handelt es sich um eine Literaturarbeit. Mehrere Studien zum Thema sollen zusammengefasst werden, um eine umfassende Analyse zu ermöglichen. Zu induzierten Erdbeben, besonders im US-amerikanischen Raum, wurden bereits viele Studien durchgeführt. Während die Auswirkungen von Staudämmen auf die Erdkruste schon genauer untersucht wurden, konzentriert sich die Forschung erst seit kürzerer Zeit auf Erdbeben, die durch Erdöl- und Erdgasförderung mittels *Hydraulic Fracturing* ausgelöst werden. Die Arbeit soll den neusten Forschungsstand wiedergeben. Deshalb wurde versucht möglichst aktuelle Studien zu zitieren.

In dieser Arbeit werden induzierte Erdbeben durch Staudämme und Fluidinjektion durch *Hydraulic Fracturing* auf globaler Maßstabsebene betrachtet. Insbesondere steht der mittlere Westen der Vereinigten Staaten im Zentrum der Untersuchung, da hier die Erdöl- und Erdgasförderung zu einem enormen Anstieg der Erdbeben geführt hat.

Um eine Annäherung ans Thema zu ermöglichen erfolgt zuallererst eine allgemeine, kurze Einführung über Erdbeben. Es wird erklärt wie Erdbeben entstehen und relevante Begriffe erläutert, anschließend soll auf die Plattentektonik eingegangen werden. Folgend werden die Messung sowie die Auswirkungen und die Vorhersage von Erdbeben thematisiert. Kapitel 5 widmet sich der Analyse anthropogen induzierter Erdbeben. Zuerst wird allgemein diskutiert, inwiefern der Mensch auf die Lithosphäre bzw. auf seismische Prozesse Einfluss nimmt. Anschließend wird der Fokus auf Erdbeben gerichtet, die durch Fluidinjektionen im Zuge von *Hydraulic Fracturing* ausgelöst wurden. Nach der Problembeschreibung stellt die Zusammenführung empirischer Befunde den nächsten Schritt im Analyseverfahren dar. Im zweiten Teil der Analyse wird danach gefragt, ob Staudämme stärkere Schadensbeben verursachen können. Dabei sollen wiederum die Auswirkungen von Staudämmen auf die Lithosphäre diskutiert werden, bevor empirische Befunde verglichen werden. Als letztes wird auf das Risiko von anthropogen ausgelösten Erdbeben sowie auf deren Vorhersage eingegangen. Abschließend sollen die Ergebnisse der Studien zusammengefasst werden. Die Beantwortung der Forschungsfragen bzw. die Verifizierung oder Falsifizierung der Hypothesen sollen hier erfolgen. Außerdem wird ein kurzer Blick in die Zukunft gegeben.

Im Literaturverzeichnis finden Sie Quellenangaben zur verwendeten Literatur, die teilweise auch online verfügbar ist.

4. Allgemeines über Erdbeben

4.1. Entstehung von Erdbeben und Begriffsklärungen

Erdbeben entstehen, wenn Gesteine über einen kritischen Wert der Scherspannung hinaus beansprucht werden, dadurch deformiert werden und schließlich brechen. Am häufigsten treten Erdbeben an Plattengrenzen auf, weil dort Spannung am größten ist und die Festigkeit des Gesteins durch vorhergegangene Erdbeben bereits vermindert wurde. Die Verschiebung passiert ruckartig. Dabei wird Energie frei, die als Bodenbewegungen wahrgenommen werden können. Nach dem Beben reduziert sich die Spannung, bevor sie sich nach und nach wieder langsam aufbaut und zu einem bestimmten Zeitpunkt zu einem erneuten Erdbeben führt. (vgl. Press & Siever 2008: 332f., vgl. Grotzinger & Jordan 2017: 336f.)

Als Hypozentrum oder Erdbebenherd bezeichnet man jenen Punkt, an dem die Verschiebungsbewegung einsetzt, als Epizentrum jenen Ort direkt über dem Hypozentrum an der Erdoberfläche. Erdbeben treten in der kontinentalen Kruste üblicherweise in einer Tiefe von 2 bis 20 km auf. (vgl. Grotzinger & Jordan 2017: 339)

4.2. Plattentektonik

Seit Beginn der Forschung konnte beobachtete werden, dass sich die meisten Erdbeben an den Rändern der Erdplatten ereignen. Erdbeben können allgemein an konvergierenden und divergierenden Platten sowie an Transformstörungen auftreten. Darüber hinaus sind aber auch Intraplattenerdbeben möglich. An konvergenten Plattengrenzen sind weltweit die stärksten Erdbeben zu verzeichnen. Dabei schiebt sich an der Subduktionszone eine Platte unter die andere. Divergierende Platten bewegen sich voneinander weg. Durch die Dehnungskräfte, die während dieses Vorgangs wirken, werden Erdbeben ausgelöst. An Transformstörung gleiten zwei Platten in entgegengesetzter Richtung aneinander vorbei. Durch die Reibung werden die Gesteinsblöcke ruckartig bewegt, sodass Erdbeben erzeugt werden. Einzelne wenige Erdbeben kommen auch innerhalb der Erdplatten vor, wobei diese sehr heftig sein können. Sogenannte Intraplattenerdbeben sind der Beweis dafür, dass selbst in weiter Entfernung von Plattengrenzen noch große Kräfte in der Kruste wirken und Brüche möglich sind. (vgl. Grotzinger & Jordan 2017: 352-354)

4.3. Messung von Erdbeben

Seismische Wellen sind starke Schwingungen, die durch ein Erdbeben ausgelöst werden und sich radial vom Erdbebenherd weg über die gesamte Erde ausbreiten. Die Messung von seismischen Wellen funktioniert mittels eines Seismographen. Man unterscheidet zwischen Primärwellen, Sekundärwellen und Oberflächenwellen. Zuerst kommen die Primärwellen beim Seismographen an, dann die Sekundärwellen, schließlich die Oberflächenwellen. Sowohl Primär- als auch Sekundärwellen durchlaufen das Erdinnere, während sich Oberflächenwellen nur an der Erdoberfläche ausbreiten. (vgl. Grotzinger & Jordan 2017: 339-343)

Gemessen wird die Erdbebenstärke heute meist mithilfe der Moment-Magnitude (früher meist Richter-Magnitude verwendet). Die Magnitude gibt Aufschluss über die Intensität der seismischen Wellen und die potentielle Zerstörungskraft des Erdbebens. Schwache Erdbeben, d.h. Erdbeben mit einer geringen Magnitude, sind weltweit viel häufiger als starke Erdbeben. So treten beispielsweise pro Jahr etwa 1.000.000 Erdbeben mit Magnituden größer zwei auf, während jährlich nur ungefähr zehn Erdbeben mit Magnituden über sieben zu verzeichnen sind. (vgl. Grotzinger & Jordan 2017: 346ff.)

4.4.   Auswirkungen und Vorhersage von Erdbeben

Die Auswirkungen von Erdbeben können verheerend sein. In den letzten zehn Jahren (Stand 2017) wurden weltweit etwa 700.000 Menschen durch Erdbeben getötet. Beispielsweise kamen beim Erdbeben in L'Aquila am 6. April 2009 309 Menschen ums Leben, in Haiti wurden am 12. Jänner 2010 316.000 Menschen getötet. Das verheerende Erdbeben in Tohoku (Japan) 2011 forderte fast 20.000 Tote. Neben den Todesopfern sind selbstverständlich auch die wirtschaftlichen und finanziellen Schäden nicht außer Acht zu lassen. Gebäudeschäden können zum Teil enorm sein. Abgesehen davon dürfen auch die sekundären Effekte von Erdbeben nicht vergessen werden. Tsunamis können zusätzlich noch viel mehr Menschenleben fordern als das Erdbeben selbst, wie es in Japan 2011 der Fall war. Weiters war auch die Explosion des Kernkraftwerkes in Fukushima damit verbunden. Darüber hinaus können Erdbeben zu Erdrutschen oder Bränden führen. (vgl. Grotzinger & Jordan 2017: 354ff.)

Die genaue Vorhersage über Ort, Zeit und Magnitude eines Erdbebens ist schwierig. Je länger das letzte Erdbeben zurückliegt, desto wahrscheinlicher ist es, dass bald das nächste Erdbeben stattfinden wird. Allerdings ist eine präzise langfristige Vorhersage unmöglich. Auch die kurzfristige Vorhersage von Erdbeben, d.h. die Angabe von Ort und Zeit einige Tage oder Stunden davor, ist schwierig, aber möglich. Kleinere Vorbeben sowie eine rasche Deformation des Untergrundes können Vorzeichen für Erdbeben sein. (vgl. Grotzinger & Jordan 2017: 367f.)

5. Anthropogene Einflüsse auf seismische Prozesse – induzierte Erdbeben

Durch menschliche Aktivität induzierte Seismizität wurde seit den 1920er Jahren beobachtet und dokumentiert. (vgl. Pratt & Johnson 1926, zit. n. National Research Council 2013: 24) In den letzten Jahrzehnten zeigte sich, dass induzierte Erdbeben weltweit vermehrt auftreten. (vgl. Foulger et al. 2018: 438) Bell (1999) beschreibt ‚induzierte Seismizität' folgendermaßen: „Induced seismicity occurs where changes in the local stress conditions give rise to changes in strain in a rock mass." (Bell 1999: 105) Es ändern sich also die Spannungsverhältnisse in der Erdkruste, indem direkt auf diese Einfluss genommen wird. Bell (1999), sich beziehend auf McCann (1988), führt weiter aus: "It is the action of man that causes the activity by bringing about these changes in the local stress conditions." (McCann 1988, zit. n. Bell 1999: 105) Aktivitäten des Menschen verursachen demzufolge Änderungen im Spannungsfeld der Lithosphäre, wodurch Erdbeben ausgelöst werden können. Dabei handelt es sich um Aktivitäten wie Bergbau, die Errichtung von Staudämmen, Geothermie, Erdöl- und Erdgasförderung, Fracking und CO_2-Speicherung, um die wichtigsten zu nennen. Insbesondere treten induzierte Erdbeben durch Massenumlagerungen und durch das Verpressen von Flüssigkeiten in den Gesteinsuntergrund auf. Bereits geringe Beanspruchungen der Lithosphäre durch anthropogene Aktivitäten können ausreichen, um den Stress in der Erdkruste derart zu erhöhen, sodass Erdbeben initiiert werden. In den meisten Fällen handelt es sich aber nur um Mikrobeben, die kaum bemerkbar sind. (vgl. Foulger et al. 2018: 438, vgl. Ritter 2016: 28) Nach der Erdbebendatenbank HiQuake konnten zwischen 1868 und 2016 über 700 Erdbeben verzeichnet werden, die durch anthropogene Aktivitäten ausgelöst wurden. Allerdings ist nicht immer sicher, ob die Erdbeben tatsächlich durch den Menschen induziert wurden oder doch auf natürliche Tektonik zurückzuführen sind. Manche Erdbebenereignisse können nicht eindeutig auf menschliche Aktivitäten zugeschrieben werden, weshalb sich auch im wissenschaftlichen Bereich die Meinungen spalten. (vgl. Foulger et al. 2018: 438f.) Grundsätzlich ist zwischen natürlicher und menschlich induzierter Seismizität zu unterschieden. Jedoch kann es zu Überschneidungen kommen, wenn beispielsweise Erdöl- und Erdgasförderung in tektonisch vorbelasteten Gebieten stattfindet. Auf die Überschneidung von natürlicher und induzierter Seismizität soll im Laufe der Analyse noch genauer eingegangen werden. (vgl. Ritter 2016: 28) Die folgende Karte zeigt alle bisher aufgezeichneten induzierten und vermutlich induzierten Erdbeben weltweit.

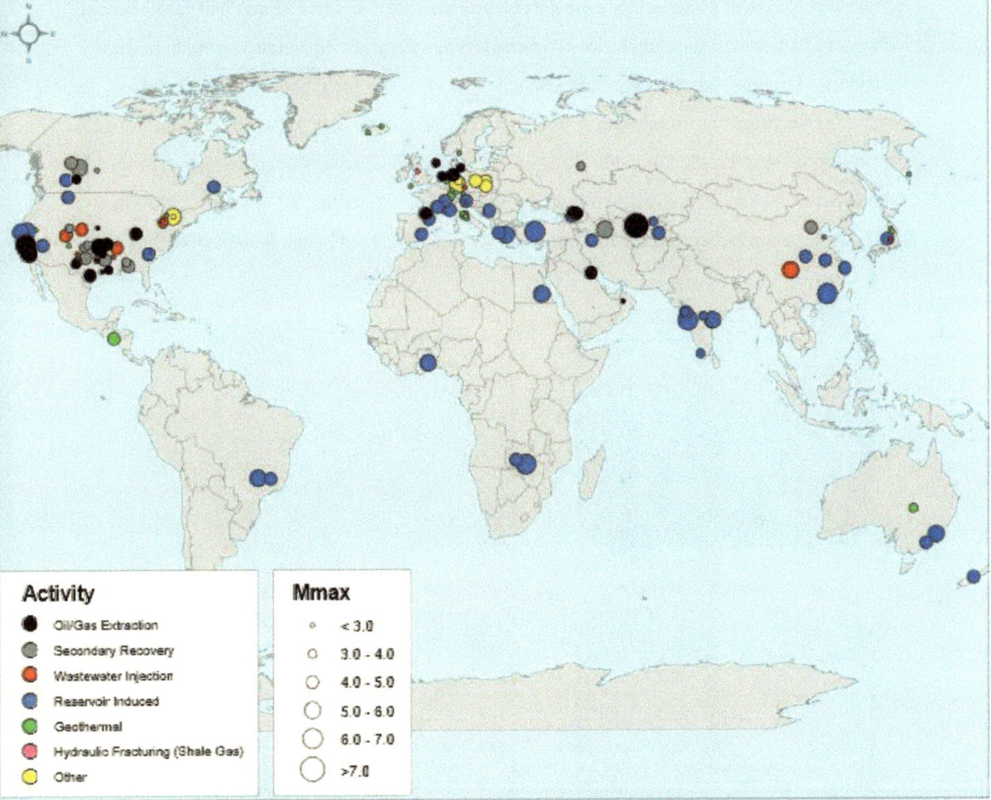

Abbildung 1 – Induzierte Erdbeben weltweit; Quelle: National Research Council 2013: 25

Damit ein Erdbeben induziert werden kann, muss die kritische Spannung relativ zur Gesteinsfestigkeit überschritten werden. Dies kann, unter anderem, durch folgende Prozesse passieren. Erstens ist es möglich, dass sich die vertikale Spannungskomponente im Gebirgskörper durch Gesteins- oder Fluidentnahme verringert (sh. Abbildung 2, C). Die Druckentlastungen können heftige Erdbeben mit Magnituden über 4 bewirken. Das Erdbeben 2011 bei Lorca in Spanien mit einer Stärke rund 5,1 ist zum Beispiel auf die massive Grundwasserentnahme für die Landwirtschaft zurückzuführen. Auf Erdbeben, die durch Fluidentnahmen ausgelöst wurden soll aber in der vorliegenden Arbeit nicht näher eingegangen werden. Zweitens kann es durch das Befüllen eines Stausees zu Spannungsänderungen im Gebirgskörper kommen (sh. Abbildung 2, D). In der Regel korreliert das Auftreten von Erdbeben mit der Füllhöhe von Staudämmen. Es ist jedoch nicht eindeutig geklärt, ob die zusätzliche Auflast auf den Gesteinskörper oder das Eindringen von Fluiden in den Untergrund entscheidend sind. Gerade bei Staudämmen können ungünstige Verhältnisse zusammenkommen. Flussläufe bilden sich bevorzugt an geologisch-tektonischen

Schwächezonen. Der Fluideintrag kann dort bereits existierende Verwerfungen in der Erdkruste verursacht haben; das Aufstauen des Wasserreservoirs kann die Spannung zusätzlich kritisch verändern. Drittens können Fluidinjektionen und -bewegungen Spannungsänderungen im Gestein hervorrufen (sh. Abbildung 2, E und F). Das Verpressen von toxischen Abwässern oder die Injektion von Fluiden bei der Erdgas- und Erdölförderung führen zur Änderung des Porenwasserdrucks. *Fracking*-Aktivitäten in British Columbia 2014 und 2015 haben beispielsweise ein Beben mit einer Magnitude von 4,4 verursacht. (vgl. Ritter 2016: 29ff.)

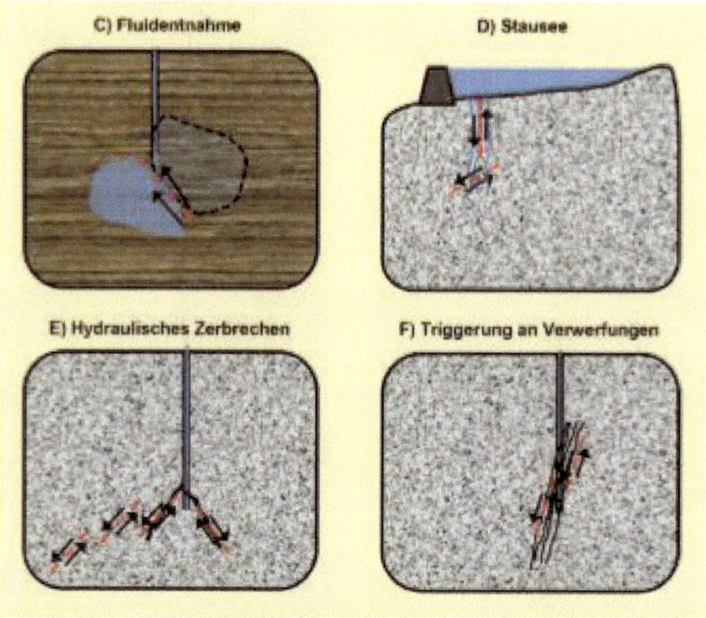

Abbildung 2 – Möglichkeiten der Spannungsänderungen im Gestein; Quelle: Ritter 2016: 31

5.1. Fluidinjektion (*Hydraulic Fracturing*)

5.1.1. Problembeschreibung

Unter *Hydraulic Fracturing* oder *Fracking* versteht man eine Methode zur besseren Gewinnung von Erdöl oder Erdgas, indem Untergrundgesteine durch die Injektion von Fluiden aufgebrochen werden. Bei der injizierten Flüssigkeit handelt es sich um Gemisch von Wasser, Sand und Chemikalien. Durch die Brüche können Öl oder Gas mittels Bohrlöcher einfacher aus den Gesteinen an die Oberfläche gepumpt werden. (vgl. Folger & Tiemann 2015: 12) Das Injizieren von Flüssigkeit führt zu Spannungsänderungen im Gestein. Die Spannungsänderung ist, aufgrund der Erhöhung des Porendrucks, mit einer Volumenausdehnung des Gesteins verbunden. Die Porendruckerhöhung kann destabilisierend wirken, da es zu einer Verringerung der Rutschfestigkeit kommen kann. Grundsätzlich hängt das Ausmaß des Porendruckanstiegs von der Geschwindigkeit der Fluidinjektion und dem injizierten Gesamtvolumen sowie von der

Permeabilität und der Speicherfähigkeit des Gesteins ab. Die Permeabilität des Gesteins ist von dessen Porosität abhängig, d.h. von den Hohlräumen. So kann die Permeabilität der Gesteine stark variieren. Die Durchlässigkeit von Granit ist beispielsweise um ein Vielfaches kleiner als die von Sandstein; bei der Speicherkapazität sind sich nicht so große Unterschiede vorhanden. (vgl. National Research Council 2013: 46ff.)

Dringt nun ein injiziertes Fluid in den Gesteinskörper ein, so verteilt es sich dort in den Porenräumen oder Klüften. Wenn das Fluid mit der Erdoberfläche verbunden ist, etwa durch eine Bohrung, dann steht es durch sein Eigengewicht unter hydrostatischem Druck. Der hydrostatische Druck ist zwei bis drei Mal geringer als der lithostatische Druck. Befinden sich fluidundurchlässige Gesteinsschichten über einem fluidhaltigen Gesteinskörper, wird das Fluid eingeschlossen. Es entsteht folglich ein hydrostatischer Überdruck, der besonders beim Anbohren gefährlich werden kann. Der Porenflüssigkeitsdruck wirkt in alle Richtungen und verringert die Normalspannung. Fluidinjektionen können also durch Spannungsveränderungen die Neubildung von Rissen in Gesteinen fördern und so Erdbeben auslösen. (vgl. Ritter 2016: 28f.)

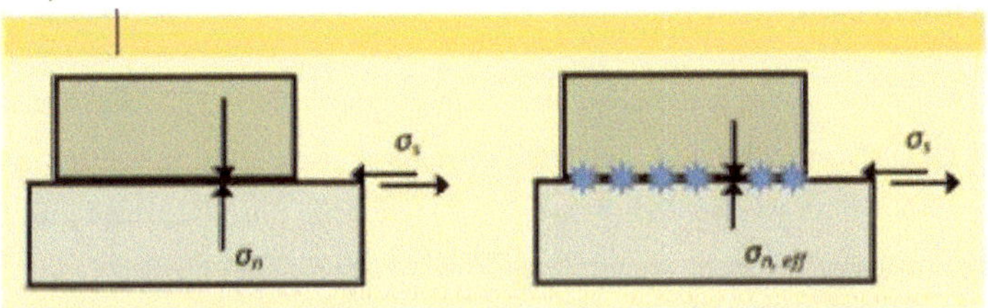

Links: Normalspannung σ_n und Scherspannung σ_s zwischen zwei Gesteinskörpern. Rechts: Natürlich vorkommendes oder künstlich injiziertes Fluid reduziert σ_n zu einer effektiven Normalspannung $\sigma_{n,eff}$.

Abbildung 3 – Spannungsänderungen im Gestein durch Fluidinjektion; Quelle: Ritter 2016: 30

Auch das Verpressen von Abwasser hilft den Druck aufrechtzuerhalten, um die Ölgewinnung zu fördern. Die Injektion von kaltem Wasser führt üblicherweise zum Brechen des Gesteins, wodurch es niedrigere Einspritzdrücke braucht, um Erdöl an die Oberfläche zu pumpen. Die Datenbank HiQuake konnte 33 Erdbeben registrieren, die durch Abwasserinjektionen ausgelöst wurden; 27 in den USA, drei in Kanada, zwei in China und eines in Italien. (vgl. Foulger et al. 2018: 463)

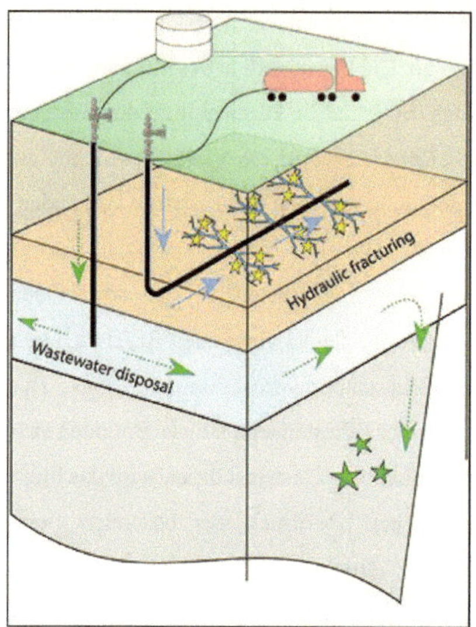

Abbildung 4 – Induzierte Erdbeben durch Hydraulic Fracturing und Abwasserinjektion; Quelle: Witman 2018: o. S.

5.1.2. Empirische Befunde

Bell (1999) liefert schon weit zurückreichende Erdbebenereignisse, die durch Fluidinjektionen verursacht wurden. In Denver konnten von 1962 bis 1965 etwa 700 Erdbeben auf Fluidinjektionen zurückgeführt werden. Der Wasserdruck verringerte den Widerstand gegen Bewegungen entlang der Bruchebenen, wodurch elastische Wellenenergie freigesetzt wurde. Im Zuge der Ölförderung wird Wasser in das Gestein injiziert, der Porenwasserdruck steigt und der seismische Stress nimmt zu. (vgl. Bell 1999: 105)

Auch in der Rangely-Region in Colorado nahm der seismische Stress durch den Porenwasserdruck zu. Von 1962 bis 1972 konnten nahe den *Fracking*-Standorten 976 Erdbeben gemessen. (vgl. Gibbs et al. 1973, zit. n. Bell 1999: 105f.) Wasser wurde hier in bis zu 2 km Tiefe injiziert. Es konnte herausgefunden werden, dass die Seismizität durch die Veränderung des Porendrucks erhöht bzw. verringert werden kann. (vgl. Foulger et al. 2018: 467)

Ein durch die Aktivitäten am Inglewood-Feld ausgelöstes Erdbeben richtete erhebliche Schäden an. Über 1.000 Häuser wurden beschädigt sowie fünf Personen getötet. Das Inglewood-Ölfeld befindet sich in einer Verwerfungszone. Auf dem Feld kam es vor der Ölgewinnung zu einer Absenkung, die zwischen 1911 und 1963 1,75 m betrug. Am Rand des Feldes lag der Baldwin-Hills-Stausee. Als 1954 mit den Fluidinjektionen zur Ölgewinnung begonnen wurde, zeigte sich eine starke Verformung des Untergrundes. Nachfolgend war eine höhere Seismizität registriert worden und infolgedessen brach 1963 der Damm. (vgl. Foulger et al. 2018: 469) Dieses Beispiel verdeutlicht die Gefahr, die durch Fluidinjektionen in schon seismisch vorbelasteten Gebieten, ausgeht.

Im mittleren Westen der USA, insbesondere in Oklahoma, Arkansas, Texas, Ohio und Colorado sind Erdbeben, die durch Fluidinjektionen im Zuge der zunehmenden Erdöl- und Erdgasförderung ausgelöst werden, ein zunehmendes Problem. So verzeichnet man in den genannten Staaten seit 2009 einen dramatischen Anstieg von Erdbeben. Dabei handelt es sich um Intraplattenregionen, die vor den Aktivitäten des Menschen seismisch kaum aktiv waren. In den zentralen Vereinigten Staaten ist die Erdbebenanzahl von durchschnittlich 20 pro Jahr zwischen 1970 und 2000 auf über 100 pro Jahr zwischen 2010 und 2013 gestiegen (sh. Abbildung 5). In Poland Township in Ohio wurde beispielsweise ein Erdbeben der Stärke 3,0 am 10. März 2014 in der Nähe von *Fracking*-Standorten verzeichnet. Dabei handelte es sich um das stärkste Erdbeben in dieser Region seit Beginn der Aufzeichnungen. (vgl. Wendel 2015: o. S.)

Die Oklahoma Geological Survey und US Geological Survey (USGS) berichteten im Jahr 2014 von einem Anstieg der Erdbebenrate in Oklahoma um 50% seit 2013. Die Mehrheit der Erdbeben weist derart geringe Stärken auf, sodass sie weder verspürt werden noch mit Gebäudeschäden zu rechnen ist. (vgl. Folger & Tiemann 2015: 3-7) In den letzten Jahren traten aber vermehrt auch spürbare Erdbeben mit Magnituden über 3 auf. (vgl. Ritter 2016: 28)

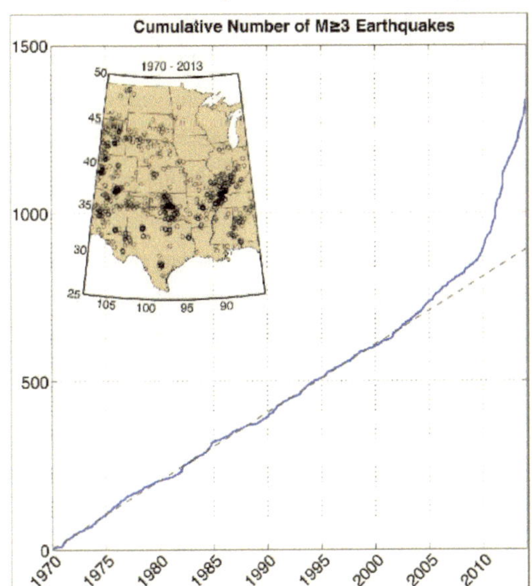

Abbildung 5 – Anzahl der Erdbeben mit Magnituden ≥ 3 in den zentralen USA (1970-2013); Quelle: U.S. Geological Survey, Earthquake Hazards Program, übernommen von Folger & Tiemann 2015: 8

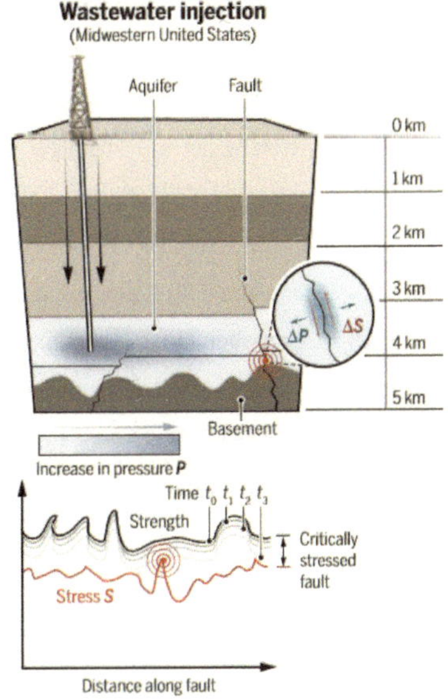

Abbildung 6 – Porendruckveränderung durch Abwasserinjektion im mittleren Westen der USA; Quelle: Candela et al. 2018: 599

Die meisten dieser Ereignisse sind Resultat massiver Abwasserinjektionen. Im Februar 2016 forderten die Aufsichtsbehörden in Oklahoma eine Reduzierung der Einspritzrate, nachdem mehrere Großereignisse bis zur Stärke 5,8 verzeichnet wurden. Durch die Fluidinjektionen erhöhte sich der Porendruck und die Gesteinsfestigkeit reduzierte sich. Im Gegensatz dazu verringerte die Flüssigkeitsentnahme, d.h. die Entnahme von Erdöl, den Porendruck, was zu einer Verdichtung der Gesteinsmasse führte. Die erhöhte Spannung im Gestein löste die Erdbeben aus. Untersuchungen zeigten, dass die seismische Aktivität stärker vom Abstand zwischen dem Injektionspunkt und dem Untergrundgestein abhängt als vom injizierten Volumen (vgl. Candela et al. 2018: 599)

Vor allem die induzierten Erdbeben der jüngsten Zeit in Oklahoma sind gut untersucht. Wie in anderen Regionen der zentralen USA kam es auch in Oklahoma seit etwa 2009 zu einem enormen Anstieg der Erdbebenrate. (vgl. Ellsworth 2013, zit. n. Foulger 2018: 465) Historisch gab es in der Region kaum Erdbeben, von 2008 bis 2013 war Oklahoma allerdings der seismisch aktivste Bundesstaat der USA. In diesem Zeitraum (2008 bis 2013) stieg die Erdbebenfrequenz im Vergleich zu 1976 bis 2007 auf das 40-fache. Seit den 1930er Jahren wird die Wasserinjektion zur verbesserten Ölgewinnung praktiziert. (vgl. Foulger et al. 2018: 465, vgl. Keranen et al. 2014: 448) Im Zeitraum von 1993 bis 2011 stieg der Einspritzdruck und das monatliche Injektionsvolumen hat sich seit 1997 verdoppelt. (vgl. Walsh & Zoback 2015, zit. n. Foulger et al. 2018: 467) Es ist bewiesen, dass die Erdbeben der vergangenen Jahre auf menschliche Aktivitäten zurückzuführen sind. Nichtsdestotrotz kann nicht genau gesagt werden, welche der industriellen Aktivitäten die Erdbeben initiierten. Insgesamt werden rund 7.000 Injektionsbohrlöcher gezählt, die für eine optimale Erdölgewinnung, für die Entsorgung von Sole, für *Hydraulic Fracturing* zur Erhöhung der Permeabilität im Gestein und für die Entsorgung von Flüssigkeiten, die für *Hydraulic Fracturing* verwendet wurden, dienen. Das stärkste Erdbeben, das in Oklahoma durch Abwasserinjektionen verursacht wurde, war jenes in Pawnee im Jahr 2016 mit einer Magnitude von 5,8. 2011 wurde in Prague ein Erdbeben der Stärke 5,7 ausgelöst. Dieses Erdbeben richtete erheblichen Schaden an; 14 Häuser wurden zerstört und zwei Personen verletzt. (vgl. Foulger et al. 2018: 465)

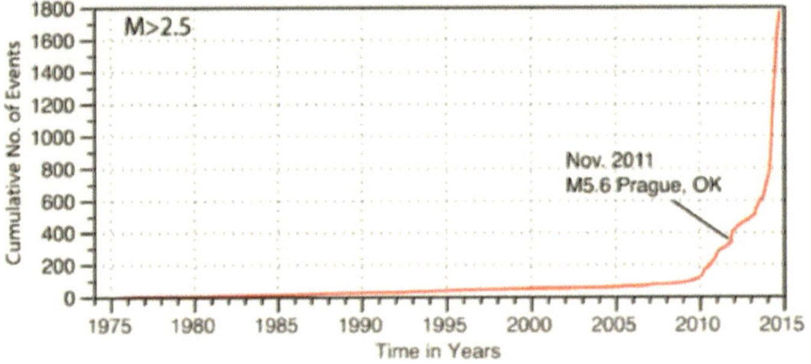

Abbildung 7 – Erdbeben mit Magnituden >2,5 in Oklahoma 1975-2015, Quelle: McNamara et al. 2015, übernommen von Foulger et al. 2018: 469

Keranen et al. (2014) untersuchten eine Reihe von Erdbeben, die sich in der Nähe von Jones in Oklahoma ereigneten. Im Gebiet befinden sich 89 Bohrlöcher, wobei vier Hochdruckbohrlöcher vorhanden sind. Ab 2009 erhöhte sich die seismische Aktivität aufgrund der Porendruckänderung im Gestein. Rund 85% der Porendruckänderung konnten durch die Hochdruckinjektionen der vier Bohrlöcher erklärt werden. Die restlichen 15% können den anderen 85 Bohrlöcher zugeschrieben werden. Dabei breitet sich der Druck von den Bohrlöchern aus und betrifft immer größere Gesteinsmasse, wodurch Erdbeben wahrscheinlicher werden. Es konnte festgestellt werden, dass die Erdbeben hauptsächlich in der Nähe von Injektionsbohrlöchern oder an den nächstgelegenen bekannten Verwerfungen auftraten. (vgl. Keranen et al. 2014: 448-451) Die folgende Abbildung verdeutlicht die Zunahme des Porendrucks sowie die steigende Anzahl der Erdbeben.

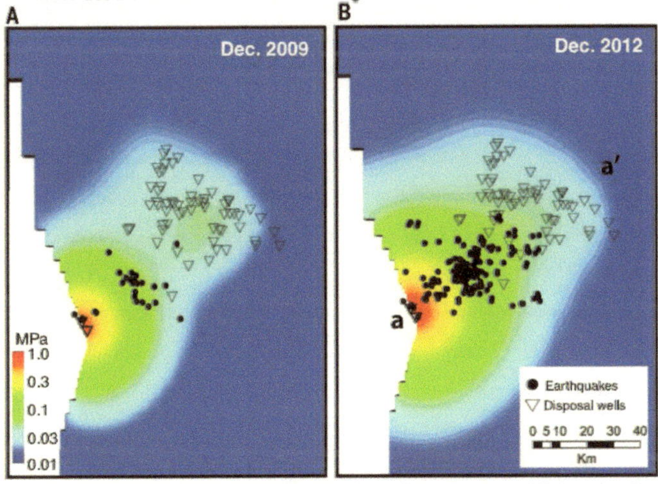

Abbildung 8 – Porendruckänderung und Anzahl der Erdbeben in Jones (Oklahoma) im Dezember 2009 und 2012; Quelle: Keranen et al. 2014: 450

Das vermehrte Auftreten von Erdbeben in Oklahoma durch *Fracking* wird laut Kim (2018) durch drei Faktoren bestimmt: die Nähe des *Fracking*-Standortes zur Gesteinsbasis, die Fluidinjektionsgeschwindigkeit und das Injektionsvolumen. Im Jahr 2015 reduzierte die Oklahoma Corporation Commission die Wasserinjektionsraten. 2017 konnte eine Verminderung der Anzahl an Erdbeben mit Magnituden über 3 um 70% festgestellt werden. (vgl. Kim 2018) Auch in Arkansas erteilte die Öl- und Gaskommission nach einem Erdbeben der Stärke 4,7 am 27. Februar 2011 eine Notverfügung, um die gesamte Abwasserinjektion zu stoppen. Danach nahm die Seismizität ab, blieb aber noch Monate später höher als die historischen Raten. (vgl. Witman 2018: o. S.) Dies verdeutlicht einmal mehr den enormen Einfluss menschlicher Aktivitäten durch Erdöl- und Erdgasförderung auf seismische Prozesse.

Erdbeben, die durch Fluidinjektionen ausgelöst werden, kommen allerdings nicht nur in den USA vor. Auch in Fox Creek in Alberta musste ab Dezember 2013, als Reaktion auf *Hydraulic Fracturing,* mit einem starken Anstieg der Erdbebenfrequenz gerechnet werden. Es handelte sich um mehrstufige Hochdruckinjektionen, die zu einer bemerkenswerten Erhöhung der Seismizität führten. Es konnten 160 Erdbebenereignisse innerhalb von zwei Jahren registriert werden. (vgl. Schultz et al. 2015, zit. n. Foulger et al. 2018: 477) Vor dem *Fracking* war die seismische Aktivität niedrig. Mit Beginn des *Frackings* stieg die seismische Rate auf über 100 Erdbeben pro Jahr. An allen *Fracking*-Standorten im Horn-River-Becken konnte ein Zusammenhang zwischen injiziertem Volumen und steigender Seismizität nachgewiesen werden. Erhöhte sich das injizierte Volumen, erhöhte sich auch die Erdbebenfrequenz, jedoch nicht die Stärke der Beben. Große Erdbeben mit Magnituden um 3,5 traten nur auf, wenn etwa 150.000 m^3 Flüssigkeit pro Monat injiziert wurden. Die Zeitverzögerungen zwischen den Flüssigkeitsinjektionen und den Erdbeben lagen zwischen Tagen und Monaten. (vgl. Foulger et al. 2018: 477) Einspritzdruck und -rate hatten – im Gegensatz zum Injektionsvolumen – keine wesentlichen Auswirkungen auf die seismische Aktivität. 96% der induzierten Erdbeben in der Nähe von Fox Creek konnten durch das Einspritzvolumen und geologische Faktoren erklärt werden. (vgl. Schultz et al. 2018: 304)
Anders hingegen die Ergebnisse einer Untersuchung beim Gasfeld Huangjiachang im Sichuan-Becken in China. Hier konnte ein Zusammenhang zwischen dem Einspritzdruck und der Häufigkeit und Stärke von Erdbeben nachgewiesen werden. (vgl. Lei et al. 2013, zit. n. Foulger et al. 2018: 464)

Auch in Europa wurden schon Erdbeben registriert, die vermutlich auf Fluidinjektionen und -entnehme zurückzuführen sind. Zwei Erdbeben im Jahr 2012 in Norditalien mit den Stärken 5,9 und 5,8 forderten 27 Todesopfer. Bisher waren Tote durch Erdbeben aufgrund von Fluidinjektionen sehr selten. Ab April 2011 gab es eine Leistungssteigerung im Cavone-Feld, wodurch sich angeblich der Druck in der Erdkruste erhöhte und es zu Spannungsänderungen im Gestein kam. (vgl. Cartlidge 2014: 141) Jedoch revidierte eine Kommission die Behauptungen, indem festgehalten wurde, dass ein anthropogener Einfluss zwar vorhanden war es aber sehr unwahrscheinlich ist, dass durch die Erdölförderung das Erdbeben ausgelöst wurde. (vgl. Foulger et al. 2018: 464) Argumente, die gegen eine Verursachung des Menschen sprechen sind das Fehlen kleiner Erdbeben, die direkt durch die Erdölproduktion hervorgerufen werden, die beträchtliche Entfernung zwischen Ölfeld und Epizentrum und die bescheidene Produktion der Anlage von etwa 500 Fässern pro Tag. (vgl. Cartlidge 2014: 141)

5.2. Staudämme

5.2.1. Problembeschreibung

Große Staudämme können die Ursache von lokalen Erdbeben sein, wenn sie sich in ohnehin schon seismisch aktiven Regionen befinden und so auf die Erdkruste zusätzlich Stress ausüben. Wie bei Fluidinjektionen werden aber auch durch Staudämme meist nur schwache bis mäßige Beben verursacht. Der seismische Stress durch Dämme bzw. eigentlich durch die Stauseen wird dadurch erhöht, indem Wasser in die darunter liegenden Schichten eindringt, wodurch sich der Porenwasserdruck erhöht und sich die effektive Normalspannung verringert, sodass die Scherfestigkeit entlang lokaler Störungen abnimmt. Der Prozess ähnelt den Fluidinjektionen des *Hydraulic Fracturing*, nur dass die Flüssigkeit nicht aktiv in die Gesteine verpresst wird, sondern langsam diffundiert. Die Festigkeit der Gesteinsmassen wird somit reduziert, wodurch die Spannung in der Erdkruste zunimmt und Erdbeben ausgelöst werden können. (vgl. Bell 1999: 106ff.) Folgende Parameter beeinflussen die Spannungskräfte in der Erdkruste: die Belastung aufgrund des Gewichts des Stauseewassers, der Porendruckanstieg als Reaktion auf die Volumenkompression und die Diffusionsporendruckänderung. (vgl. Shi et al. 2014: 275) Bell (1999) gibt allerdings zu bedenken, dass die Spannung in der Erdkruste nicht durch die Wasserlast des Stausees bedingt wird. Es konnte beobachtet werden, dass im Bereich einiger großer Stauseen keine seismische Aktivität herrscht. (vgl. Bell 1999: 106)
Zu welchem Zeitpunkt Erdbeben stattfinden lässt sich nicht allgemein sagen. Dabei kommt es auf die Durchlässigkeit des Gesteins an und, ob die Region seismisch vorbelastet ist. (vgl. Shi et al. 2014: 273) Shi et al. (2014) betonen, dass das Auftreten von Erdbeben durch einen

Staudamm eng mit dem tektonischen Spannungsfeld und der Verwerfungs- und Gesteinsstärke zusammenhängt. (vgl. Shi et al. 2014: 281) So kann die Seismizität unmittelbar nach Beginn des Dammbaus eingeleitet werden oder auch eine größere Verzögerung von einigen Jahren vorhanden sein. Je länger der Beginn der Inbetriebnahme des Damms zurückliegt, desto wahrscheinlicher ist ein Erdbeben. (vgl. Bell 1999: 106) Ein sekundäres Problem, das auftreten kann, ist der Bruch des Staudammes durch das induzierte Erdbeben. (vgl. Bell 1999: 103)

5.2.2. Empirische Befunde

Ein gut untersuchtes Beispiel eines Erdbebens, das durch einen Staudamm induziert wurde, ist das Erdbeben von 1963 in Indien. Dieses wurde durch den Koyna-Damm ausgelöst und wies eine Magnitude von 6,5 auf. Das Beben forderte 200 Tote; außerdem wurden zahlreiche Gebäudeschäden registriert. (vgl. Bell 1999: 106, vgl. Ritter 2016: 30) Der Koyna-Damm ist 103 m hoch und wurde 1962 erbaut. Der Stausee weist eine Tiefe von 75 m und eine Länge von 52 km auf. Fünf Jahre nach der Fertigstellung des Damms ereigneten sich mehrere Erdbeben, wobei solche mit Magnituden über 5 etwa alle vier Jahre stattfanden. Das Epizentrum des stärksten Erdbebens befand sich ca. 10 km stromabwärts des Damms. (vgl. Foulger et al. 2018: 442) Es konnte herausgefunden werden, dass die Erdbebenhäufigkeit bis zu einem gewissen Grad mit dem Wasserstand des Damms korreliert. (vgl. Talwani, 1995, zit. n. Foulger et al. 2018: 442)

Weitere Erdbeben wurden durch den Nurek-Damm in Tadschikistan verursacht. Der Staudamm wurde 1961 erbaut und ist mit 317 m der höchste Damm der Welt. Der Stausee weist ein Volumen von ca. 10 km^3 auf. Das stärkste Erdbeben, das in der Nähe des Damms gemessen wurde hatte eine Magnitude von 4,6 und fand 1972 statt. (vgl. Simpson & Negmatullaev 1981, zit. n. Foulger et al. 2018: 442). Auch hier vermutet man eine Korrelation zwischen dem Pegelstand des Stausees bzw. der Wasserlast und dem Auftreten von Erdbeben. (vgl. Foulger et al. 2018: 442)

Der Stausee mit dem weltweit größten Volumen ist der 111 m hohe Assuan-Stausee. (vgl. Foulger et al. 2018: 442) Seismisch aktiv ist die Region um den Damm seit etwa 30 Jahren. Am 14. November 1981, erst 17 Jahre nach dem Befüllen des Stausees, ereignete sich dort ein Erdbeben mit einer Stärke von 5,3. (vgl. Shi et al. 2014: 281) Gahalaut und Hassoup (2012) konnten eine Korrelation zwischen dem Wasserpegel und der erhöhten Seismizität feststellen. Das vermehrte Auftreten der Erdbeben ab November 1981 hänge mit der Erhöhung des Wasserstandes im Stausee zusammen. (vgl. Gahalaut & Hassoup 2012: 12f.) Durch den Damm kommt es außerdem zu einem erhöhtem Porendruck, wodurch die Spannung im Gestein zunimmt. (vgl. Gahalaut & Hassoup 2012: 1)

Ein weiteres Beispiel im nördlichen Afrika ist der Beni Haroun-Damm in Algerien. Der Stausee ist durch Pipelines, die durch einen Berg verlaufen, mit dem ca. 15 km südlich gelegenen Stausee Oued Athmania verbunden. Da der Stausee Oued Athamnia etwa 600 m höher liegt als der Stausee Beni Haroun, wird das Wasser hinaufgepumpt. Im Jahr 2007 kam es zu einem Erdbeben der Stärke 3,9. Es wird vermutet, dass durch den Pumpvorgang zwischen den Stauseen um die 400.000 m^3 Wasser in den Boden gelangt sind. Über defekte Stellen in den Pipelines versickerte das Wasser und drang durch Brüche, Karsthöhlen und Verwerfungen tief in das Gestein ein. Es konnten innerhalb von zwei Monaten über 7.200 Erdbeben verzeichnet werden. (vgl. Foulger et al. 2018: 443f.)

Das Erdbeben am Xinfengjiang-Staudamm 1962 mit der Stärke 6,1 gilt als das größte durch Stauseen verursachte Erdbeben in China. Die Diffusion und der Porendruck waren wahrscheinlich die Hauptfaktoren, die das Erdbeben auslösten, während die Wasserlast relativ gering war. Nichtsdestotrotz stieg mit zunehmendem Pegelstand auch der Porendruck. (vgl. Cheng et al. 2012: 1947, 1951) Shi et al. (2014) haben zudem nach Modellberechnungen herausgefunden, dass die Gesteinsmasse unter dem Xinfengjiang-Stausee durch die Wasserlast um etwa 17,5 mm abgesunken ist. (vgl. Shi et al. 2014: 281)

Ein weitaus stärkeres Erdbeben ereignete sich im Jahr 2008 in Wenchuan in Westchina. Mit einer Magnitude von 7,9 forderte es mehr als 90.000 Todesopfer. (vgl. Tao et al. 2015: 7033) Abgesehen davon wurden mehr als 100 Städte zerstört. (vgl. Foulger et al. 2018: 443) Geologisch wird das tibetische Plateau vom Sichuan-Becken getrennt. Es handelt sich um eine allgemein seismisch aktive Region, wobei pro Jahr mit einer Verwerfung um 1 bis 3 mm zu rechnen ist. (vgl. Zhang et al. 2004, Shen et al. 2005, Densmore et al. 2007, zit. n. Tao et al. 2015: 7033) C$_{14}$-Analysen weisen darauf hin, dass das letzte schwere Erdbeben vor etwa 4.000 bis 10.000 Jahren aufgetreten sein könnte. (vgl. Densmore et al. 2007, Zhou et al. 2007, zit. n. Klose 2011: 1441)

Aufgrund der Stärke des Bebens 2008 ist umstritten, ob es sich tatsächlich um ein induziertes Erdbeben durch den nahegelegenen Zipingpu-Stausee handelt oder auf natürliche Seismizität zurückzuführen ist. Vor der Errichtung des Damms konnten pro Monat durchschnittlich 40 Erdbeben verzeichnet werden. Ab Oktober 2005, als der Staudamm in Betrieb genommen wurde und der Wasserspiegel um ca. 80 m stieg, nahm die Seismizität stark zu. (vgl. Foulger et al. 2018: 443) Im Oktober 2007 erreichte der Pegel einen Höchststand, wobei sich im Stausee ein Volumen von 1,109109 m^3 befand; danach wurde er wieder etwas entleert. (vgl. Klose 2011:

1441) Es zeigte sich, dass ein schneller Wasserstandsrückgang im Zipingpu-Reservoir den seismischen Stress erhöhte. (vgl. Shi et al. 2014: 282) Die Erdbebenhäufigkeit stieg auf ca. 90 Ereignisse pro Monat, reduzierte sich allerdings danach wieder. (vgl. Foulger et al. 2018: 443) Seit Mai 2005 konnte eine positive Korrelation zwischen dem Wasserstand bzw. der Wasserlast und der Mikroseismizität unterhalb des Stausees nachgewiesen werden. (vgl. Klose 2011: 1441) Klose (2011) hält fest, dass einige Studien darauf hindeuten, dass das Wenchuan-Erdbeben durch eine Porendruckdiffusion in der Erdkruste ausgelöst wurde, andere Studien jedoch diese Hypothese ablehnen. Er selbst postuliert, dass es durch die Fluiddiffusion im Zipingpu-Staudamm zu Spannungsänderungen in der Erdkruste kam und diese Spannungsstörungen das Erdbeben verursachten. (vgl. Klose 2011: 1439ff.) Der natürliche Erdbebenzyklus hätte sich durch die zusätzliche Belastung geändert, weshalb das Erdbeben von 2008 um rund 60 Jahre vorverlegt wurde. (vgl. Klose 2011: 1441, vgl. Klose 2012, zit. n. Foulger et al. 2018: 443) Auch die Ergebnisse von Tao et al. (2015) deuten darauf hin, dass die Aufstauung eine Porendruckfront bildete, wodurch es zur Fluiddiffusion in die Kruste kam (sh. Abbildung 10). (vgl. Tao et al. 2015: 7033) Allerdings ist fraglich, ob eine so kleine Spannungsstörung ausreicht, um ein derart heftiges Erdbeben auszulösen. (vgl. Foulger et al. 2018: 443f.) Es gibt keine eindeutigen Beweise dafür, dass das Erdbeben in Wenchuan durch das Aufstauen des Zipingpu-Reservoirs ausgelöst wurde. (vgl. Shi et al. 2014: 282) Ein direkter Zusammenhang ist somit umstritten, ein indirekter aber wahrscheinlich. Ein kleiner Bruch könnte einen großen Bruch ausgelöst haben. (vgl. Tao et al. 2015: 7033)

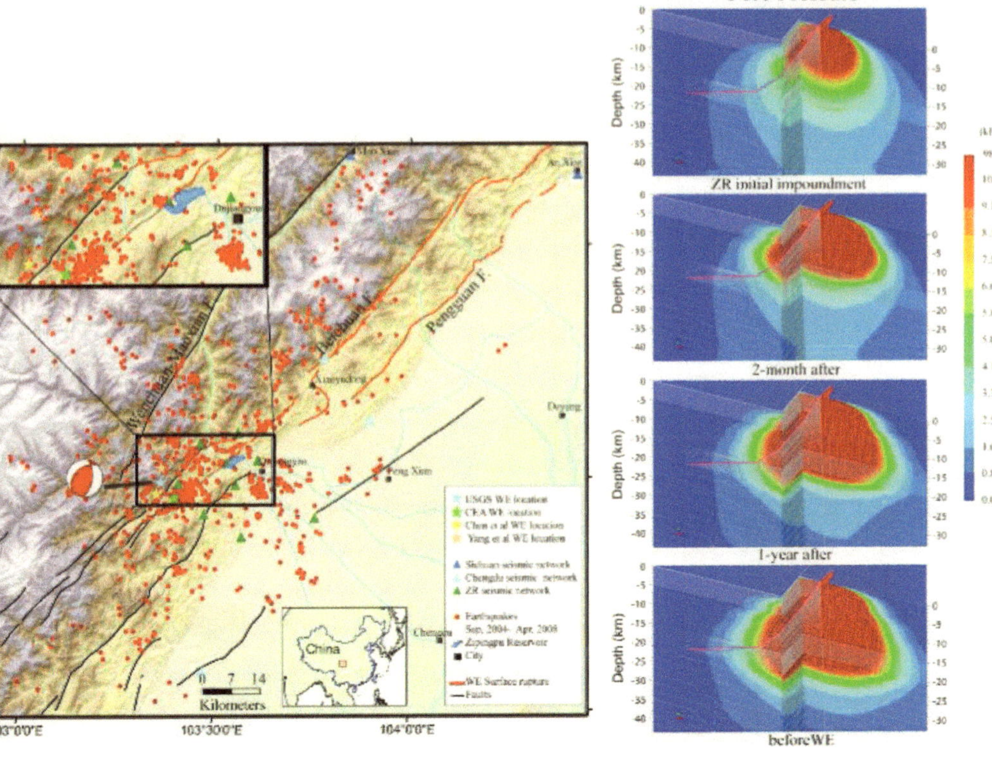

Abbildung 9 – Erdbeben mit einer M >1 in der Nähe des Zipingpu-Staudamms von 2004 bis 2008; Quelle: Tao et al. 2015: 7034

Abbildung 10 – Veränderung des Porendruck unterhalb des Zipingpu Staudamms; Quelle: Tao et al. 2015: 7038

Seit kurzem werden der 181 m hohe Drei-Schluchten-Damm in China und die seismische Aktivität in dieser Region genauer erforscht. Ab 2010 wurde der Stausee zur Gänze befüllt und seit dem Jahr 2014 konnten Erdbeben mit Magnituden bis zu 4,6 registriert werden. (vgl. Foulger et al. 2018: 445)

5.3.   Risikobewertung und Vorhersage

Dass durch anthropogen verursachte Erdbeben ein hohes Risiko ausgeht, steht nach zahlreichen Untersuchungen außer Frage. Candela et al. (2018) geben zu bedenken, dass bereits geringe Spannungen ausreichen, damit Erdbeben ausgelöst werden können, wenn die Kruste ohnehin schon beansprucht ist. (vgl. Candela et al. 2018: 589f.) Klose (2013) kommt zu dem Ergebnis, dass Erdbeben umso stärker sind, je mehr Masse lokal auf der Erdkruste verschoben und je stärker die Erdkruste geomechanisch belastet wird. (vgl. Klose 2013: 109) Menschliche Aktivitäten können noch Jahrzehnte nach der Beendigung der anthropogenen Einflussnahme Auswirkungen auf die Seismizität haben. (vgl. Klose 2013: 130)

Die Magnituden der Beben, die durch menschliche Aktivitäten ausgelöst werden, sind sehr unterschiedlich. Es ist offensichtlich, dass die stärksten anthropogenen Erdbeben von Staudämmen verursacht werden (sh. Abbildung 11). Aber auch induzierte Erdbeben im Zuge der Öl- und Gasförderung, können hohe Magnituden erreichen. Wirft man einen Blick auf alle durch menschliche Aktivitäten hervorgerufene Erdbeben so zeigt sich ein Magnitudenmittelwert zwischen 3 und 4. (vgl. Foulger et al. 2018: 492) Foulger et al. (2018) halten fest, dass viele Mikrobeben, die der Mensch verursacht hat, nicht aufgezeichnet worden sind. Vor allem jene, die weit entfernt von Siedlungsgebieten stattfanden, wurden wahrscheinlich nicht bemerkt. (vgl. Foulger et al. 2018: 499)

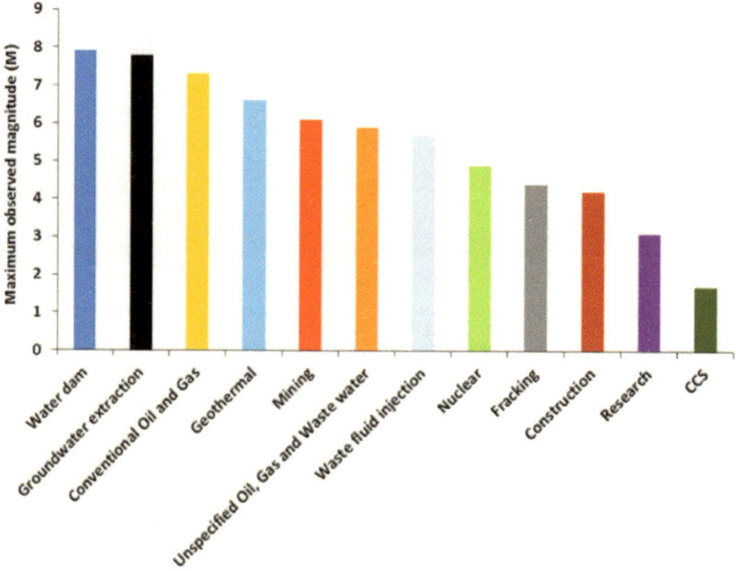

Abbildung 11 – Maximale Erdbebenstärke durch menschliche Aktivitäten; Quelle: Foulger et al. 2018: 499

Trotz des Verständnisses der verschiedenen Mechanismen von durch den Menschen verursachten Erdbeben ist eine Vorhersage und Prävention noch nicht möglich. Doch auch wenn es derzeit noch keine zuverlässige Methode zur Vorhersage gibt, kann das Risiko minimiert werden, indem das Gebiet, in das Einfluss genommen werden soll, regelmäßig überprüft wird. Zuerst sollte der Spannungszustand der Erdkruste festgestellt werden. Auch die Modellierung der Belastung der Erdkruste sowie die Auswirkung der Oberflächenverformung auf die Seismizität wären hilfreich, um das Risiko abschätzen zu können. (vgl. Ritter 2016: 31, vgl. Nicol et al. 2011, zit. n. Foulger et al. 2018: 509) Abgesehen davon sollten die Riss- oder Fluidausbreitung beobachtet sowie die Permeabilität der Gesteine bestimmt werden. (vgl. Ritter 2016: 32) Menschliche Aktivitäten, die Erdbeben auslösen könnten, sollten auf jeden Fall seismisch und geodätisch überwacht werden und die Daten öffentlich zugänglich gemacht werden. (vgl. Foulger et al. 2018: 509f.)

Kuznetsov et al. (2018) schlagen einen vierstufigen Ansatz vor, um von Menschen verursachte Erdbeben vorherzusagen und zu verhindern oder zumindest ihre Eintrittswahrscheinlichkeit zu reduzieren. Erstens sollten die stark anomalen Zonen mit mikroseismischer Aktivität, die oft die Ausgangspunkte für drohende Erdbeben darstellen, lokalisiert werden. Im zweiten Schritt ist die Überwachung der Schwankungen und Dynamik der anomalen Zonen über einen Zeitraum von einem Monat notwendig. Drittens sollte einer Vorentladung der mikroseismischen Zonen induziert werden und schließlich das Gebiet nach der induzierten Vorentladung überwacht werden. Der vorgeschlagene vierstufige Ansatz wurde nie an einem einzigen Ort zur Gänze umgesetzt. Trotzdem wurden die Schritte an verschiedenen Standorten separat getestet und haben sich als erfolgreich erwiesen. (vgl. Kuznetsov et al. 2018: 1) Der Ansatz muss an mehreren Stellen wiederholt werden, um mehr Erfahrung und Verbesserungen in Bezug auf Datenüberwachungs- und Analysetechniken zu erhalten. (vgl. Kuznetsov et al. 2018: 8f.)

6. Synthese und Ausblick

Um die Ergebnisse der Analyse zusammenzufassen, lohnt es sich noch einmal einen Blick auf die Forschungsfragen und Hypothesen zu werfen. Zuallererst wurde gefragt, ob Flüssigkeitsinjektionen ins Gestein und Staudämme stärkere Schadensbeben auslösen können. Die erste Hypothese dazu lautete: Flüssigkeitsinjektionen im Zuge der Erdöl- und Erdgasförderung können in seismisch aktiven Regionen zu schweren Erdbeben führen. Dies kann zum Teil bestätigt werden, da mehrere Ereignisse bekannt sind, bei denen schwere Gebäudeschäden und Tote zu beklagen waren. So wurden beispielsweise beim Beben nahe des Inglewood-Feldes über 1.000 Häuser beschädigt und fünf Personen getötet. Die Beben 2012 in Norditalien forderten sogar 27 Todesopfer, obwohl umstritten ist, dass es sich tatsächlich um induzierte Erdbeben handelte. Trotz dieser tragischen Einzelfälle zeigte sich, dass durch Fluidinjektionen im Zuge von *Hydraulic Fracturing* meistens nur Mikrobeben registriert werden, die nicht spürbar sind und keine Schäden anrichten.

Etwas anders präsentierten sich die Ergebnisse der Analyse der Erdbeben, die durch Staudämme verursacht wurden. So können Dämme bzw. Stauseen auch schwere Erdbeben auslösen, wie unter anderem die Ereignisse nahe des Xinfengjiang- und Zipingu-Staudammes zeigten. Wie Ritter (2016) betont, geht die größte Gefahr von Staudämmen aus, die sich in seismisch aktiven Regionen wie dem Himalaya befinden. (vgl. Ritter 2016: 32) Die zweite Hypothese lautete: Wasserdruck in Stauseen führt zu seismischem Stress, wodurch schwere Erdbeben ausgelöst werden können. Im Laufe der Analyse konnte herausgefunden werden, dass weniger die Wasserlast bzw. der Pegelstand als die Fluiddiffusion in das Gestein ausschlaggebend für die Induktion eines Erdbebens ist. Shi et al. (2014) kommen nach Untersuchungen der durch den Zipingpu-Stausee, Xinfengjiang-Stausee und Assuan-Stausee ausgelösten Erdbeben zu dem Schluss, dass hauptsächlich der Anstieg des Porenwasserdrucks durch das Eindringen von Flüssigkeit in das Gestein eine Rolle spielt. Dabei ist die Permeabilität des Gesteins von entscheidender Bedeutung. (vgl. Shi et al. 2014: 281f.)

Zweitens wurde danach gefragt, welche Faktoren die Entstehung von Erdbeben durch anthropogene Aktivitäten beeinflussen. Dazu kann gesagt werden, dass die geologischen Gegebenheiten, d.h. die natürliche seismische Aktivität vor Ort von großer Bedeutung ist. Weiters hängt die Fluiddiffusion und so auch die Erdbebenaktivität von der Permeabilität und der Speicherfähigkeit des Untergrundgesteins ab. Beim *Fracking* wird der erhöhte Porendruck vor allem durch Injektionsvolumen, -rate, und -geschwindigkeit bestimmt, wobei unterschiedliche Untersuchungsergebnisse vorliegen.

Die Anzahl der induzierten Erdbeben, insbesondere durch Fluidinjektionen im Zuge der Öl- und Gasgewinnung, hat in den letzten Jahrzehnten stark zugenommen, da auch die Anzahl der Projekte gestiegen ist. Aber auch Staudämme könnten in den nächsten Jahren vermehrt errichtet werden, wenn man bedenkt, dass durch den Klimawandel und den damit verbundenen Dürreperioden die Wasserspeicherung immer wichtiger wird. (vgl. Foulger et al. 2018: 510) Da sowohl *Hydraulic Fracturing* als auch Staudämme auch in Zukunft eine große Rolle spielen werden, ist davon auszugehen, dass anthropogen induzierte Erdbeben weitere Schäden verursachen werden.

Bisher sind die Auswirkungen von *Fracking* und großen Staudämmen auf seismische Aktivitäten nur wenig erforscht. (vgl. Wendel 2015: o. S.) Für die Eindämmung induzierter Erdbeben ist das Wissen über das Vorhandensein von seismischen Spannungen unabdingbar. (vgl. Candela et al. 2018: 599) Auch müssen Datenüberwachungs- und Analysetechniken verbessert werden, um das Risiko induzierter Erdbeben einzudämmen. (vgl. Kuznetsov et al. 2018)

Literaturverzeichnis

Anonym (2013): Fracking Linked to Earthquakes in Ohio. – in: The Science Teacher, 80 (70), S. 20, 22.

Bell, F. (1999): Geological hazards: their assessment, avoidance and mitigation. – London: Taylor & Francis.

BGR – Bundesanstalt für Geowissenschaften und Rohstoffe (2019): Erdbeben-Gefährdungsanalysen, online: <https://www.bgr.bund.de/DE/Themen/Erdbeben-Gefaehrdungsanalysen/Seismologie/Downloads/Flyer_Georisiko.pdf?__blob=publicat ionFile&v=2> (letzter Zugriff: 28.07.2019)

Candela, T., Wassing, B., Ter Heege, J. und Buijze, L. (2018): How earthquakes are induced. – in: Science 360 (6389), S. 598-600.

Cartlidge, E. (2014): Seismology. Human activity may have triggered fatal Italian earthquakes, panel says. – in: Science 344 (6180), S.141.

Cheng, H., Zhang, H., Zhu, B., Sun, Y., Zheng, L., Yang, S. und Shi Y. (2012): Finite element investigation of the poroelastic effect on the Xinfengjiang Reservoir-triggered earthquake. – in: Science China Earth Sciences, 55 (12), S. 1942-1952.

Folger, P. und Tiemann, M. (2015): Human-induced Earthquakes from Deep-well Injection: A brief Overview. – in: Fernandez, J. B. (Hrsg.) (2015): Deep-well Injections and Induced Seismicity: Understanding the Relationship. – New York: Nova Science Publishers, S. 1-29.

Foulger, G. R., Wilson, M. P., Gluyas, J. G., Julian, B. R. und Davies, R. J. (2018): Global review of human-induced earthquakes. – in: Earth-Science Reviews, 178, S. 438-514.

Gahalaut, K. und Hassoup, A. (2012): Role of fluids in the earthquake occurrence around Aswan reservoir, Egypt. – in: Journal of Geophysical Research: Solid Earth, 117, S. 1-13.

Grotzinger, J. und Jordan, T. (2017): Press/Siever Allgemeine Geologie. – Berlin, Heidelberg: Springer.

Keranen, K. M., Weingarten, M., Abers G. A., Bekins, B. A. und Ge S. (2014): Induced earthquakes. Sharp increase in central Oklahoma seismicity since 2008 induced by massive wastewater injection. – in: Sience, 345 (6195), S. 448-451.

Kim, S. (2018): UT experts find over half of fracking wells associated with earthquakes in Oklahoma. – in: University Wire.

Klose, C. (2011): Evidence for anthropogenic surface loading as trigger mechanism of the 2008 Wenchuan earthquake. – in: Environmental Earth Sciences, 66 (5), S. 1439-1447.

Klose, C. (2013): Mechanical and statistical evidence of the causality of human-made mass shifts on the Earth's upper crust and the occurrence of earthquakes. – in: Journal of Seismology 17 (1), S. 109-135.

Kuznetsov, O., Chirkin, I., Radwan, A., Ismail, A., Lyasch, Y., Leroy, S., Rizanov, E. und Koligaev, S. (2018): Man-made earthquakes prevention through monitoring and discharging their causative stress-deformed status. – in: Natural Hazards and Earth System Sciences Discussions, S. 1-11.

National Research Council (2013): Induced Seismicity Potential in Energy Technologies. – Washington, D.C.: National Academies Press.

Press, F. und Siever, R. (2008): Allgemeine Geologie. – Berlin: Spektrum Akademischer Verlag.

Ritter, J. (2016): Von Menschen gemachte Erdbeben. – in: Physik in unserer Zeit, 7 (1), S. 28-32.

Schultz, R., Atkinson, G., Eaton, D. W., Gu, Y. J. und Kao, H. (2018): Hydraulic fracturing volume is associated with induced earthquake productivity in the Duvernay play. – in: Science, 359 (6373), S. 304-308.

Shi, Y. L., Cheng, H., Zhang, B., Zheng, L., Sun, Y. J. und Zhang, H. (2014): Are reservoir earthquakes man-made? – in: WIT Transactions on Ecology and the Environment, 178, S. 273-284.

Tao, W., Masterlark, T., Shen, Z. und Ronchin E. (2015): Impoundment of the Zipingpu reservoir and triggering of the 2008 Mw 7.9 Wenchuan earthquake, China. – in: Journal of Geophysical Research: Solid Earth, 120b (10), S. 7033-7047.

Wendel, J. (2015): Ohio Earthquake Directly Tied to Fracking. – in: Eos, 96.

Witman, S. (2018): More Earthquakes May Be the Result of Fracking Than We Thought. – in: Eos, 99.

ZAMG – Zentralanstalt für Meteorologie und Geodynamik (2019): Erdbeben:, online: <https://www.zamg.ac.at/cms/de/geophysik/lexikon/erdbeben> (letzter Zugriff: 25.07.2019)

BEI GRIN MACHT SICH IHR WISSEN BEZAHLT

- Wir veröffentlichen Ihre Hausarbeit, Bachelor- und Masterarbeit

- Ihr eigenes eBook und Buch - weltweit in allen wichtigen Shops

- Verdienen Sie an jedem Verkauf

Jetzt bei www.GRIN.com hochladen und kostenlos publizieren